AF324952

HISTOIRE

D'UNE

MALADIE CATARRHALE

Qui régna, en 1808, sur les chevaux du Haras de
Pompadour ;

Par M. DE MOUSSY,

VÉTÉRINAIRE DE CET ÉTABLISSEMENT.

Mémoire couronné, en 1809, par la Société d'Agriculture du Département de la Seine.

A PARIS,

De l'Imprimerie de la Veuve DELAGUETTE, rue
Saint-Merry, N°. 22.

1811.

HISTOIRE

D'une maladie catarrhale des naseaux, de la gorge, des poumons, de la vessie et des intestins, quelquefois avec anasarque, qui régna, en 1808, sur les chevaux du Haras de Pompadour;

Par M. DE MOUSSY, Vétérinaire de cet établissement :

Mémoire couronné en 1809, par la Société d'Agriculture du Département de la Seine.

L'HIVER de 1808 a été marqué par des variations subites et répétées de l'atmosphère, qui ont donné lieu à une maladie catarrhale épizootique sur les étalons du haras de Pompadour, et sur presque tous les animaux de cet établissement; ceux qui ont échappé à ses coups, n'ont dû la conservation de leur santé qu'au retour de la belle saison. Je ne chercherai point à expliquer si elle a été due aux fréquentes suppressions de la transpiration, occasionnées par la vicissitude continuelle de l'atmosphère, tantôt chargée d'humidité, tantôt agitée par des vents froids du nord; mais je ferai remarquer que dans le cheval le système muqueux est bien plus souvent affecté que dans l'homme. Le plus grand nombre des maladies dont cet animal précieux est la victime, a son siége dans les membranes muqueuses : les flux de *morfondure*, de *courbature*, de GOURME, de *fausse gourme*, de MORVE, en fournissent des preuves multipliées.

La maladie catarrhale qui a régné sur les étalons du haras de Pompadour a offert, en général, dans les individus qu'elle a atteints, la même succession de symptômes. Dans les premiers jours, l'animal mange avec lenteur : il broie ses aliments avec une espèce de gêne qui paroît résider dans les muscles qui font agir les mâchoires et l'encolure ; une sorte de roideur universelle l'empêche de se mouvoir avec facilité dans sa loge.

Après avoir mangé pendant quelques minutes, il s'éloigne du râtelier, tire légèrement sur ses longes, et cherche à donner à sa tête et à son encolure une direction horizontale. Cet état de concentration intérieure dure peu, le cheval relève sa tête, s'approche de la mangeoire et se remet à prendre quelques bouchées de fourrage avec la même indolence. A cette première époque, la toux est rare et sèche ; le pouls petit et concentré ; la membrane pituitaire est blafarde ; la membrane de la bouche, quoique brûlante au tact, réfléchit la même couleur ; les flancs offrent un léger embarras dans leurs mouvements, quoique l'élévation et l'abaissement des côtés présentent une égalité parfaite.

Ces symptômes ne tardent pas à augmenter d'intensité. La mastication devient plus imparfaite, les intervalles sont plus longs et plus répétés; l'animal laisse échapper de sa bouche le fourrage qu'il avoit saisi. Un flux de salive verdâtre coule des commissures des lèvres, à chaque mouvement des mâchoires. La membrane de la bouche et celle qui tapisse les cavités nasales se colorent, la toux devient plus fréquente et souvent quinteuse : elle est plus profonde ; l'animal semble l'arracher du fond de sa poitrine ; il retient son haleine, il serre les mâchoires, il se recule et se porte alternativement en avant pour ne pas tousser; il cherche à échapper à la douleur que suscite la toux; ses flancs s'agitent alors avec violence ; ils reprennent leur premier état de calme, dès que le paroxisme a cessé. Le pouls n'est pas plus ému que dans le premier période de la maladie, la tête est plus basse; les yeux sont fermés et larmoyants : quand on écoute l'animal avec attention, l'on entend un bruit léger qui est dû à l'obstacle que l'engorgement des membranes muqueuses présente à l'air inspiré. Un léger suintement d'une humeur claire et limpide a lieu par les naseaux; une sensibilité exquise règne à la base de la langue et dans toute l'étendue de la face trachélienne ; il n'y a nulle apparence d'engorgement dans les glandes sublinguales et lymphatiques, logées entre les branches de la mâchoire postérieure.

Cet état de souffrance se soutient jusqu'au douzième ou treizième jour. Pendant ce laps de temps, le cheval ne boit qu'une très-petite quantité d'eau à la fois ; il refuse le son, la farine, et toute autre nourriture qu'on lui donne ; il ne répare ses forces qu'au moyen de quelques bouchées de fourrage qu'il prend à de longs intervalles : à cette époque les jambes de derrière, principalement la gauche, commencent à s'engorger. Cette tuméfaction gagne les autres membres qui, dans l'espace de quarante-huit heures, triplent et quadruplent de volume ; quelquefois cet engorgement est plus prompt et s'effectue dans l'espace d'une nuit. Cette métastase de l'humeur morbifique sur les extrémités, cet effort salutaire de la nature qui éloigne du centre le point d'irritation qui étoit fixé sur la poitrine et sur la tête, amènent bientôt la solution de la maladie. Le flux qui a lieu par les naseaux s'épaissit par degrés, il coule avec abondance ; la toux devient successivement plus rare et plus grasse, le flux diminue graduellement ; la couleur rouge de la membrane nasale s'affoiblit ; l'appétit renaît par degrés ; les jambes se dégorgent peu à peu, et du vingt au vingt-cinquième jour l'animal est rendu à la santé.

Telle est la marche de la maladie abandonnée à elle-même, lorsqu'aucun symptôme prédominant, aucune anomalie nerveuse ne viennent interrompre son cours. Cette irritation des membranes muqueuses, après s'être propagée de la tête à la poitrine, se fixoit quelquefois plus particulièrement dans un point de leur étendue. La base de la langue et les glandes sublinguales ont été fréquemment affectées. La phlegmasie, après avoir parcouru la tête et la poitrine, alloit encore exercer ses ravages sur les intestins, et produisoit une diarrhée muqueuse qui, après avoir subsisté plusieurs jours, étoit également suivie de la tuméfaction des membres abdominaux et thorachiques : car dans cette maladie, la tendance de la nature à déterminer l'humeur morbifique sur les extrémités a été si grande, que je n'ai pas vu guérir un seul cheval, sans que cette tuméfaction ne se soit manifestée. Cet engorgement critique des extrémités n'étoit jamais complet, puisque le transport de l'humeur sur les jambes ne faisoit que modifier les premiers symptômes, mais ne les dissipoit pas entièrement. Les forces vitales moins accablées, travailloient alors à éliminer l'humeur peccante fixée sur la tête, la poitrine ou les intestins ; ou pour parler plus exactement, l'irritation des membranes muqueuses qui tapissent ces cavités splanchniques, devenant moins violente, tendoit à une résolution prompte, déterminée par l'exsudation abondante qui avoit lieu.

Cette diathèse inflammatoire ne s'est pas bornée aux parties que je viens de dénommer ; j'ai observé dans deux chevaux limousins (l'Assuré et le Galant) un catarrhe de la vessie, qui a été également précédé de la tristesse, de l'abattement, de la toux, de la roideur du tronc et des membres, d'un flux léger par les naseaux. Cette maladie peu ordinaire, mérite quelque développement. Je choisirai surtout l'exemple du Galant, chez lequel elle a parcouru toutes ses phases d'une manière très-marquée. Cet animal de quatre à cinq ans, d'une constitution délicate, devint triste, dégoûté ; il toussoit par intervalle. Les membranes pituitaire et buccale se colorèrent un peu, et un flux léger d'une humeur limpide s'établit par les naseaux. La base de la langue et la trachée-artère n'offroient aucune trace de sensibilité : flancs calmes, pouls naturel, peu de difficulté à se mouvoir. Le huitième jour, l'animal parut éprouver quelques légères coliques ; la verge sortoit fréquemment du fourreau et restoit long-temps hors de la cavité qui la recèle, quoique dans l'état de flaccidité. Le périnée et les bourses offroient au tact une augmentation de chaleur assez considérable ; les testicules éprouvoient un mouvement continuel qui tantôt les rapprochoit de l'anneau, tantôt leur imprimoit une espèce de vibration qui les déterminoit de dehors en dedans et d'avant en arrière ; l'animal levoit fréquemment les jambes, et tenoit le plus ordinairement la gauche levée pendant quatre à cinq minutes. Lorsque le mouvement des testicules devenoit plus violent, l'animal cherchoit à se coucher, l'effectuoit avec précaution, regardoit son flanc, et restoit ensuite dans une immobilité parfaite, en étendant son encolure et sa tête qui prenoient un nou-

veau point d'appui sur le sol. Les épreintes douloureuses passées, l'animal se relevoit, s'approchoit du
râtelier et mangeoit nonchalamment quelques brins
de fourrage. De temps en temps il se campoit pour
expulser des urines qui sortoient rouges, épaisses
et en petite quantité. Quelquefois la dysurie aug-
mentoit, et tout en mangeant, le cheval étoit campé
et contractoit ses muscles abdominaux pour expulser
le peu d'urine qui étoit contenue dans la vessie.

Cet état de phlogose subsista jusqu'au quator-
zième jour, sans qu'il parût éprouver de douleur
vive. Celle qu'il ressentoit étoit fixe, profonde,
continue, et n'étoit annoncée que par le spasme
du flanc, joint aux symptômes que j'ai déjà dé-
crits. A cette époque la détente commença à s'opérer ;
l'urine devint plus copieuse, plus blanche, chargée
d'un sédiment muqueux peu abondant; l'animal se
campoit à peine pour s'en débarrasser, il se conten-
toit de lever la cuisse gauche, et en s'approchant de
la mangeoire, le jet de la liqueur avoit lieu. L'urine
augmenta de densité et de blancheur le seizième et
le dix-septième jours, elle paroissoit alors semblable
à des glaires d'œufs, et filoit comme de l'huile. Sa
consistance devint ensuite moins grande, elle re-
prit peu à peu son état naturel, et du vingt-troi-
sième au vingt-quatrième jour l'animal fut guéri.

L'engorgement critique des extrémités, qui fut
peu considérable chez le Galant, a été suivi de
l'anasarque dans quelques chevaux. *Le Solide,*

cheval d'une race commune, en a offert un exemple frappant. Atteint par la maladie catarrhale épizootique qui avoit déjà affecté plus de trente chevaux, il éprouva comme eux, dans l'espace de dix-huit heures, une tuméfaction très-forte des quatre extrémités, elles devinrent, en moins de trois jours, d'une grosseur telle qu'il ne marchoit qu'avec la plus grande difficulté, à cause de la quantité du liquide interposé entre les lames du tissu cellulaire qui unit la peau aux muscles, surtout à l'endroit des articulations. L'œdématie des quatre extrémités gagna peu à peu le bas-ventre. Le dessous de la poitrine la face trachélienne de l'encolure se gorgèrent du même liquide séreux. La texture molle et phlegmatique de cet animal, ôtant à la fibre vasculaire l'énergie dont elle est douée dans les chevaux de pure race limousine, ne permit pas aux vaisseaux absorbants de repomper le premier liquide épanché, et l'atonie des fibres, allant sans cesse en croissant, produisit bientôt l'affection universelle, connue sous le nom d'anasarque. Après deux mois de traitement, je parvins à rendre l'animal à la santé, par les moyens médicamenteux et par le régime que j'indiquerai plus bas.

L'anomalie nerveuse qui m'inquiéta le plus, fut celle *du Louis*, cheval arabe de la plus grande distinction. Cet étalon, dont la race est si précieuse, dont les formes sont si belles et qui est une des colonnes fondamentales du haras de Pompadour, touche pour ainsi dire à sa caducité. La maladie se manifesta chez lui par une toux rare et sèche, accompagnée d'un dégoût médiocre et d'une irrégularité dans les flancs qui étoit due à la contraction plus accélérée des muscles de l'abdomen. Les flancs se relevoient avec plus de vivacité qu'à l'ordinaire; l'animal agitoit sa tête, s'ébrouoit fréquemment et rendoit alors une très-petite quantité de mucus par les naseaux. La membrane pituitaire étoit peu colorée, les yeux étoient brillants, le pouls offroit un peu de concentration : les symptômes ne tardèrent pas à augmenter d'intensité; le mouvement des flancs s'accrut d'une manière effrayante, ils se relevoient par une action convulsive qui les portoit avec force en haut; à chaque mouvement d'expiration, la secousse étoit si violente, que tout le tronc en étoit ébranlé, et se dirigeoit en avant par la commotion qui lui étoit imprimée; l'ébrouement étoit continuel, les naseaux fortement dilatés se resserroient par un mouvement spasmodique promptement suivi de leur dilatation. L'agitation de l'animal étoit extrême, surtout quand il prenoit quelques bouchées de fourrage, qu'il broyoit avec une espèce de fureur. Leur déglutition étoit accompagnée des éclats d'une toux quinteuse qui duroit sept à huit minutes. Il ne se couchoit plus; il avoit été forcé d'y renoncer parce que l'appui du corps sur le sol, s'opposoit à la liberté du mouvement des côtes.

A la violence de ces symptômes nerveux, je ne pouvois méconnoître une affection secondaire du diaphragme, et elle me faisoit craindre que la pousse convulsive ne fût le résultat de cette maladie, si elle ne prenoit pas une terminaison plus funeste. Mes craintes étoient d'autant mieux fondées que cet étalon, naturellement grand mangeur, avoit beaucoup de ventre, et avoit besoin d'être réglé sévèrement pour ne pas éprouver de fréquentes indigestions. Après trente-quatre jours de traitement, j'eus l'avantage de remettre cet étalon précieux en état de servir encore à la propagation.

Cette maladie catarrhale épizootique, ne comptoit pas encore de victime, lorsque l'âne-étalon, dit le Visir, en fut atteint. Cet animal, âgé de vingt-un ans, étoit parvenu à un état d'obésité si considérable, que la partie supérieure de ses côtes présentoit de chaque côté une tumeur graisseuse qui régnoit du garot à la hanche : l'irritation des membranes muqueuses se communiqua bientôt à tout le système, il y eut une colliquation prompte de la graisse de toutes les parties. Le point d'irritation fixé principalement dans la poitrine, y fit bientôt affluer les humeurs. La texture pulmonaire déjà affoiblie par l'âge et par l'état d'obésité qui existoit, ne put résister à leur impulsion. Elle fut de suite subjuguée, et l'hydro-thorax termina promptement les jours de cet animal peu propre à la génération.

Les premiers signes de l'épizootie catarrhale furent promptement remplacés chez lui par la dyspnée, la respiration fréquente, le mouvement étendu et accéléré du flanc, l'infiltration du dessous de la poitrine et des bourses, et par une espèce de stupeur dans l'avant-main. Dès le principe, le poumon fut tellement subjugué, que la toux étoit à peine sensible. Ce mouvement salutaire de la nature qui tend à débarrasser la poitrine de ce qui l'irrite ou l'opprime, pouvoit à peine s'opérer, tant les forces des organes pulmonaires tendoient à s'anéantir.

L'ouverture du corps, tout en confirmant le pronostic que j'en avois porté, m'offrit cependant une modification que je dois rapporter. Une grande quantité de liquide n'étoit pas épanchée dans la poitrine, il y avoit plutôt hydro-pneumonie que hydro-thorax; toute la substance pulmonaire étoit œdématiée. Les bronches se trouvèrent remplies d'un liquide séreux assez abondant; toute la capacité de la trachée-artère étoit occupée par un coagulum lymphatique qui s'étoit moulé sur ce canal. Tous les viscères du bas-ventre étoient farcis de graisse. Les intestins étoient séparés des muscles abdominaux par une couche de graisse de plus de six pouces d'épaisseur; le sang qui s'échappoit des vaisseaux dont je faisois la section, offroit à sa surface une liqueur huileuse qui se figeoit avec promptitude.

Cette hydro-pneumonie, qui enleva cet animal en six jours, étoit annoncée surtout par une difficulté

énorme de la respiration , que j'attribuai à un épan-
chement considérable de sérosité dans la cavité tho-
rachique. Je ne fus pas peu surpris de trouver
la substance pulmonaire entièrement infiltrée par
une liqueur séreuse qui s'étoit glissée dans toute
les parties, et qui s'étoit ensuite épanchée dans les
bronches. Le poumon ressembloit exactement à
une éponge dilatée par l'eau qui a pénétré jusqu'à
la dernière série des porosités dont elle est criblée.

Dans quelques-uns de nos jeunes chevaux de
quatre à cinq ans, cette maladie s'est compliquée
avec la gourme. Il en est presque toujours résulté
des angines d'un caractère alarmant que j'ai eu
beaucoup de peine à combattre. J'ai observé que l'engorgement des ganglions lymphatiques ne se mani-
festoit qu'à la seconde période de la maladie. La
phlegmasie des membranes muqueuses se fixoit alors
sur les parties constituantes de la gorge ; la difficulté de la respiration et de la déglutition augmen-
toit en proportion de l'engorgement des glandes
lymphatiques logées dans l'auge. Cette tuméfaction
qui n'avoit lieu dès son principe que dans un point
de la mâchoire postérieure , gagnoit promptement
toute la ganache. Elle ne s'arrêtoit qu'après avoir
formé une tumeur qui s'étendoit de la symphise du
menton jusqu'au tiers supérieur de l'encolure.
Son siège principal , placé à la base de la langue ,
offroit au tact la dureté de la pierre. Cette réni-
tence n'existoit que dans son centre, c'est-à-dire,

dans l'auge proprement dite. La circonférence étoit occupée par une infiltration lymphatique qui, après s'être propagée jusqu'au menton, gagnoit ensuite les joues, soulevoit les parotides et formoit un bourlet qui cernoit la partie supérieure de l'encolure. La tumeur formoit un véritable phlegmon entouré d'un œdème phlegmoneux. Tant que la tuméfaction n'avoit pas acquis le volume déterminé par la nature, ou pour mieux dire jusqu'à ce que le dépôt fût complet, l'animal jetoit abondamment par les naseaux. Le flux diminuoit en raison de l'accroissement de la tumeur; il persistoit jusqu'au moment où la vitalité de la partie surmontant l'influx des humeurs, produisoit une fièvre locale qui amenoit la supuration. Quand la collection purulente étoit achevée, le flux cessoit entièrement.

La tendance à la supuration n'empêchoit pas la tuméfaction des membres, quoique je cherchasse à l'accélérer par tous les moyens que l'art indique. Cette tuméfaction étoit alors peu considérable, et cédoit à la promenade. Dans les premiers jours, tant que l'épizootie catarrhale conservoit son caractère propre, l'esquinancie étoit interne; elle avoit son siège dans la membrane qui revêt l'intérieur du larynx et de la trachée-artère. La difficulté de la respiration et de la déglutition n'étoit point accompagnée d'engorgement extérieur; aussitôt que l'humeur de la gourme, sollicitée par l'irritation existante, venoit développer les glandes lymphatiques logées dans l'auge, l'esquinancie devenoit externe. La dyspnée étoit due à l'engorgement énorme qui, soulevant la base de la langue, diminuoit la capacité de l'arrière-bouche et s'opposoit à la libre introduction de l'air et des aliments tant solides que liquides. La déglutition de ces derniers étoit impossible dans le paroxisme de la maladie. J'y suppléois par des lavements répétés.

Il est arrivé quelquefois que l'inflammation qui occupoit la base de la langue, les glandes lymphatiques et les membranes muqueuses de la tête et de la poitrine, s'est communiquée au voile du palais. La sortie par les naseaux des aliments tant solides que liquides, m'instruisoit de cette nouvelle complication. Je la combattois par les mêmes moyens que j'avois déjà mis en usage, puisque ce nouvel accident n'étoit dû qu'à l'intensité plus grande de l'inflammation qui se propageoit à toutes les parties de l'arrière-bouche.

Telle a été la marche de la maladie catarrhale épizootique que j'ai eu à combattre cette année, avec les diverses complications qui sont venu embarrasser son cours; il me reste à indiquer les moyens que j'ai prescrits pour la détruire. Ennemi des formules compliquées, j'ai constamment recours à des moyens simples. Je me borne toujours à l'influence salutaire du régime, quand je vois que les efforts de l'organisme sont assez puissants pour surmonter les obstacles à la guérison. La médecine *expectante*

doit être en général la *médecine des haras*, surtout pour les animaux adultes. Il y a bien peu de
cas qui exigent des secours actifs. Les vétérinaires,
en calculant bien les changements de régime, évitent
une foule de maladies qu'il est toujours plus facile
de prévenir que de combattre. Le dérangement des
lois de l'économie animale ne reconnoît pour causes,
dans les animaux, que des agents physiques : *point
de causes morales à combattre et à détruire*. Les
divers symptômes, qui se succèdent et se rempla-
cent avec régularité dans chaque affection maladive,
lorsqu'il ne se manifeste aucune anomalie, forment
un tableau parfait dont toutes les parties se coordon-
nent. Interrompre leur marche dans cette occurrence
par des médicaments administrés hors de saison, c'est
repousser et souvent anéantir les efforts conservateurs
de l'organisme, établi sur des bases solides, pour
y substituer un vain échafaudage, qui ne peut four-
nir qu'un appui foible et sans cohésion.

Dès le début de la maladie catarrhale, j'avois
recours à l'eau blanche et au son frisé ; je faisois
envelopper l'animal d'une bonne couverture de
laine, et j'adaptois à la ganache une peau de mouton
qui couvroit les joues et le tiers supérieur de l'encolure. La promenade, le bouchonnement répété
ranimoient encore l'action de la peau, qui est sujette
à de fréquentes horripilations à cette première époque
de la maladie.

Les fumigations d'eau de mauve et de son, lors-

que les mauves furent consommées ; l'eau blanche
tiède , les lavements mucilagineux , dès que les
intestins participoient à l'inflammation existante , et
que les crottins devenoient noirs, secs et brûlés; l'application sous la ganache d'un fort plumasseau im-
bibé d'eau tiède , rendue sédative par l'addition d'une
petite quantité d'extrait de saturne et d'eau-de-vie
camphrée , afin de diminuer la sensibilité exquise
de cette partie , furent les moyens secondaires aux-
quels j'eus recours.

Je ne me suis permis aucune application sur
l'engorgement critique des extrémités. Il se mani-
festoit du treizieme au seizieme jour ; je l'abandonnai
entièrement à la nature. Je prescrivois alors la promenade trois fois par jour et je diminuois graduellement le nombre des fumigations ; l'animal étoit
bouchonné vivement; on frottoit fortement les
jambes , aussitôt qu'il étoit rentré à l'écurie. Le
manège couvert que possède le haras de Pompadour, me donne la facilité de faire promener les
chevaux malades en tout temps. L'exercice doit être
recommandé tant qu'il n'y a point de contre-indi-
cation : il aide à la guérison puissamment.

Ce traitement, si simple, a rendu plus de soixante
chevaux à la santé. Il me reste à parler des circonstances particulières qui ont exigé des secours
plus actifs.

Les diarrhées muqueuses qui ont succédé à l'inflammation des membranes pituitaire et bronchique,

ont été combattues par des lavements de graine de lin. Il n'y a qu'un seul cas où l'étalon, nommé *l'Etourneau*, paroissant souffrir beaucoup, sans éprouver cependant de ces agitations violentes qui caractérisent les diverses espèces de coliques portées à un très-haut degré, je me décidai pour dissiper la tension des flancs, spasmodiquement contractés, à lui faire donner un lavement mucilagineux, auquel j'ajoutai une once de nitre et deux gros de camphre dissous dans trois jaunes d'œufs. Ce lavement ayant produit l'effet que j'en attendois, je n'employai plus que des lavements ordinaires. Ces diarrhées muqueuses, ainsi que je l'ai dit au commencement de ce mémoire, se supprimoient peu-à-peu, et diminuoient en raison de l'engorgement des membres.

Le catarrhe aigu de la vessie, qui s'est développé dans les étalons appelés *l'Assuré* et *le Galant*, m'offroit une maladie absolument nouvelle pour moi. Voyant que je n'avois qu'à réprimer la violence de l'inflammation, surtout dans le Galant, animal d'une sensibilité extrême, j'eus recours au nitre. Une once, divisée en trois prises données le matin, à midi et le soir, fut administrée chaque jour tant que la dysurie persista. J'y joignis des lavements mucilagineux également nitrés. Aussitôt que la phlogose de la vessie devint moins intense, que l'urine coula avec plus de facilité, qu'elle fut moins rouge qu plus sédimenteuse, je diminuai les doses du nitre que je réduisis successivement à un gros. La nature alors acheva la guérison ; j'interdis la promenade tant que l'inflammation fut assez vive pour ne permettre aucune exsudation d'humeur muqueuse, et je la prescrivis aussitôt que l'écoulement se manifesta. Je me déterminai à interdire l'exercice dans le principe de cette affection maladive, parce que je m'aperçus que le moindre mouvement accroissoit le roulis des testicules, et rendoit plus douloureuses les épreintes que l'animal éprouvoit par intervalles.

La tuméfaction critique des membres, qui se montroit d'une manière si uniforme dans les chevaux soumis à l'influence de cette maladie, fut suivie de *l'anasarque* chez *le Solide,* cheval de race commune ; sa fibre ne pouvant résister aux engorgements séreux qui amenoient la solution de la maladie, je fus contraint de mettre en usage les moyens propres à lui donner le ton et l'énergie dont elle étoit dépourvue.

Le foin le mieux choisi, la paille la plus fourrageuse, le son et l'avoine, tantôt unis tantôt séparés, donnés fréquemment et en petite quantité chaque fois, de l'eau blanchie avec de la farine de froment, formèrent le régime de l'animal ; j'y joignis la promenade, que je prescrivis trois fois par jour et pendant vingt minutes au moins chaque fois. Matin et soir, je fis étendre dans l'eau blanche, dont l'animal s'abreuvoit avec avidité, une pinte d'une infusion théiforme de sassafras, extrêmement chargée. Ce bois qui est sudorifique dans l'homme, a principalement la vertu diurétique dans le cheval; il excite cependant une transpiration plus abondante, que j'avois soin de favoriser par une couverture de laine et par l'action répétée de la main qui promenoit le bouchon avec force principalement sur les parties œdématiées. Je pratiquai de temps en temps quelques mouchetures qui donnèrent issue à une grande quantité de sérosité. Après vingt-cinq jours de ce traitement, cet animal qui avoit repris de la vigueur et de la légèreté, dont les membres et le dessous du ventre commençoient à se dégorger, devint plus triste, plus pesant, plus dégoûté. La tuméfaction des membres parvint à son comble; à peine pouvoit-il se mouvoir. L'exercice ne fut point interrompu, une poudre composée de gentiane et de semen-contra mêlés à parties égales, remplaça matin et soir l'infusion de sassafras. Elle étoit incorporée, à la dose d'une demi-once pour chaque prise, dans du son et de l'avoine mêlés à partie égale et légèrement humectés. Je fis tremper dans l'eau blanche une boule de mars jusqu'à ce qu'elle fût suffisamment saturée. Cette combinaison des amers et des martiaux produisit le meilleur effet. Les organes digestifs reprirent promptement leur première énergie. Quelques vers de l'espèce des lombrics furent expulsés des intestins. Redoutant l'usage trop long-temps continué des amers, et les regardant à la longue comme un poison lent pour l'économie animale, je supprimai graduellement la poudre et je la réduisis successivement à un gros. Je me bornai ensuite à l'eau martiale, qui fut continuée jusqu'à la fin du traitement.

Cette méthode curative fut celle que j'employai, il y a trois ans, pour un poulain échappé d'arabe et de limousin, qui éprouva une anasarque encore plus considérable. Cette maladie fut déterminée chez lui par un vice gourmeux et rhumatismal, accru encore par la longue inaction à laquelle il fut condamné pendant presque tout l'hiver, à raison du temps horrible qui régna pendant plus de deux mois. A mon premier retour d'Espagne, je trouvai ce poulain, appelé *l'Impérial*, âgé de trois ans, affecté d'une œdême qui occupoit déjà toute la surface du bas-ventre ; toute l'habitude du corps tendoit à un marasme complet. Les organes digestifs faisoient cependant leurs fonctions, et l'air de santé de ce jeune animal, son œil vif et brillant me rassuroient un peu. Je débutai par l'infusion théiforme de sassafras, j'y joignis l'usage quotidien de la promenade pendant une demi-heure matin et soir. L'action répétée du bouchon de paille promené avec force sur toutes les parties du corps, seconda ces moyens médicinaux et diététiques. Je pratiquai à différents intervalles des mouchetures qui firent évacuer beaucoup de sérosités. Ces moyens devenant insuffisants, et la maladie faisant tous les jours de nouveaux

progrès , j'eus recours aux martiaux et aux toniques ,
qui fortifièrent bien le système général , mais ils i.e
purent donner aux vaisseaux absorbants la force
nécessaire pour repomper le liquide épanché. **A**
cette époque , la maladie étoit parvenue à son der-
nier degré d'intensité. Le ventre , le dessous de la
poitrine , le poitrail , l'encolure étoient entièrement
œdématiés, et il y avoit plus de deux seaux de liquide
interposé entre cuir et chair. L'abdomen surtout
étoit extrêmement infiltré.

Je ne balançai point à recourir à la seule opération qui pouvoit sauver l'animal. Je l'abattis , et je
pratiquai de chaque coté de la ligne blanche trois
incisions que je séparai par des intervalles assez
considérables, en ayant l'attention de les pratiquer
à la partie la plus déclive de l'abdomen. Chaque
incision avoit de trois à quatre pouces de longueur. Par une pression douce et graduée aux alen-
tours de chaque ouverture , j'exprimai une assez
grande quantité de liquide. J'appliquai ensuite le
cautère brûlant dans chaque incision, afin de ra-
nimer l'action organique des vaisseaux, de produire
une supuration louable et de m'opposer aux effets
désastreux de la débilité locale qui auroit pu amener
la gangrène. Un digestif animé et anti-putride servit
à panser les plaies, aussitôt que les escarres se furent
détachés. J'en avois favorisé la chute en les oignant
de basilicum. Mon premier dessein fut de passer deux sétons à la partie inférieure du ventre,

ainsi que je l'ai vu pratiquer quelquefois; mais je rejetai promptement cette idée. Quand une partie est baignée par une grande quantité de liquide, dans lequel elle a macéré long-temps, sa vitalité est tellement affoiblie, que la mortification est le résultat nécessaire de son affoiblissement porté à un plus haut degré. Deux mèches introduites entre la peau et les muscles, graissées de l'onguent le plus actif, ne pouvoient agir que foiblement sur des parties défendues par une infiltration lymphatique et séreuse de plusieurs pouces d'épaisseur. Leur action devenoit tellement locale, elle étoit tellement circonscrite, qu'elle se réduisoit à la nullité. Je ne pouvois, d'ailleurs, faire dégorger complètement les tissus, et je n'avois pas l'espérance de voir s'établir une fièvre locale suffisante pour amener la supuration. Je crois donc, qu'en pareil cas, il faut proscrire les sétons, et recourir à l'opération que j'ai indiquée. Elle eut les suites les plus heureuses, et l'animal qu'on regardoit comme irrévocablement perdu pour le haras, est compté à présent au nombre de nos chevaux les plus précieux. Je ne fus point obligé de pratiquer cette opération pour *le Solide* : les remèdes internes et le régime suffirent pour le rendre à la santé.

Cette maladie redoutable, dont j'eus le bonheur de triompher, fut remplacée par une autre non moins dangereuse qui affecta *le Louis*, un de nos plus beaux étalons : j'en ai tracé le tableau plus haut.

L'affection convulsive du diaphragme, qui compliqua presque de suite la maladie catarrhale dont il étoit atteint, exigeoit des secours d'autant plus prompts, qu'elle acquit rapidement une intensité effrayante. Calmer l'irritation de la poitrine, rendre au diaphragme la liberté de son jeu, appeler sur un point de la surface l'irritation qui étoit fixée sur le système pulmonaire ; telles étoient les indications à remplir. Je puisai mes moyens dans le régime et dans les ressources de la médecine. Le son très-mouillé donné trois fois par jour, l'eau blanche tiède et miélée de manière à former un sirop léger, un mélange de paille de froment fine et fourrageuse unie à un tiers de foin, formèrent la nourriture de ce cheval. Je prescrivis quelques fumigations ; mais voyant qu'elles fatiguoient l'animal, j'y renonçai bientôt. Mon premier soin fut de passer au poitrail un séton, auquel je donnai le plus de longueur possible. Il étoit fortement animé de vésicatoire dont la vertu stimulante étoit accrue par le sublimé corrosif dont j'avois saupoudré la mèche. Non content de cela, après avoir rasé la partie que traversoit le séton, je la fis oindre d'onguent vésicatoire, et j'eus l'attention de le faire bien pénétrer en le faisant fondre au moyen d'une pelle rougie au feu. Il se manifesta bientôt un engorgement de la grosseur d'une tête humaine, la supuration fut favorisée par le basilicum animé, et à mesure que la poitrine se dégagea, je réduisis peu-à-peu le pansement du

séton au simple onguent supuratif. Aussitôt après
l'opération, je fis mettre un chapelet, de peur que
le cheval n'arrachât le séton et qu'il ne vînt à s'em-
poisonner. Cette précaution est de rigueur.

L'heureuse diversion de l'humeur sur le poitrail
ne suffisoit pas, il falloit encore calmer la toux
quinteuse et fatiguante. Une poudre composée de
camphre et de nitre triturés à parties égales, fut
donnée à la dose d'une once par jour, en trois
prises, le matin, à midi et le soir. Chaque prise
étoit étendue dans du son mouillé que le cheval
mangeoit à merveille. Les symptômes nerveux s'af-
foiblirent et disparurent successivement. Je substi-
tuai alors au camphre le double de fleur de soufre
que je combinai avec le nitre, et je terminai le
traitement par le pansement pur et simple du séton.

Il me reste encore à parler de la méthode curative que j'ai employée pour combattre les esquinancies
que la gourme produisoit en compliquant l'épizootie
régnante; je citerai le traitement que j'ai suivi pour
le Séduisant, cheval charmant, issu d'arabe et de
limousin, parce que l'angine dont il a été atteint
a parcouru ses périodes d'une manière très-alar-
mante, mais en même temps très-régulière. Six jours
après l'invasion de la maladie catarrhale annoncée par
l'inapétence et la tristesse, par une toux rare et sèche,
par une sorte de roideur tétanique dans toute l'habitude du corps, par un léger flux nasal, l'engorgement douloureux, qui avoit commencé sous la

branche gauche de la mâchoire, gagna avec promptitude le centre du canal, et se propagea bientôt jusqu'à la branche opposée.

La respiration, qui n'étoit bruyante que pour une oreille attentive, devint à chaque instant plus difficile. Tout passage des aliments tant solides que liquides fut bientôt interdit; l'animal, pour ouvrir l'angle formé par la tête et l'encolure afin de respirer plus aisément, portoit la tête presque à terre, l'alongeant le plus possible. J'avois débuté par les fumigations et les cataplasmes émollients; j'y avois joint l'usage des lavements de même nature. Il fallut bientôt recourir à des moyens plus énergiques; je pratiquai une forte saignée qui ne suffit pas pour calmer l'inflammation, je la fis suivre de deux autres, en prenant toujours pour boussole la force et la dureté du pouls.

A la deuxième saignée, je m'étois décidé à passer à l'encolure, le plus près possible de la tête, deux sétons, un de chaque côté, que j'avois fortement graissés de vésicatoire. La peau qui couvroit le séton fut ointe du même onguent. La dérivation n'étant pas assez forte à mon gré, et le pouls persistant dans sa dureté, j'en vins à la troisième saignée; et deux autres sétons préparés de la même manière furent ajoutés aux premiers. L'irritation qu'ils produisirent devint assez forte pour débarrasser la membrane qui tapisse le larynx et la trachée-artère; la respiration fut plus libre; l'animal qui n'avoit pris

depuis huit jours que des lavements d'une forte
décoction de son, commença à broyer quelques
morceaux de pain que je lui faisois donner par intervalle. Il essaya ensuite de mâcher quelques brins
de fourrage qu'il parvint à avaler ; l'esquinancie
étoit alors devenue externe. Malgré la suppuration
abondante des sétons, les glandes logées dans l'auge
acquirent rapidement une grosseur extrême. Pro-
fitant de cette tendance manifeste de la nature, je
fis graisser la tuméfaction d'onguent basilicum ; les
cataplasmes émolliens et la peau d'agneau étoient des
moyens auxiliaires que j'étois loin de négliger, et
que je continuai pendant tout le traitement.

Aussitôt que la collection purulente fut achevée,
je supprimai deux sétons. Dès que le pus se fut fait
jour à travers la peau, je supprimai les deux autres,
et je pansai l'ulcère avec un digestif animé. J'ai
pour principe de ne jamais ouvrir les abcès gourmeux qui se forment sous la ganache, lorsque je
vois que la peau s'amincit, se détruit peu-à-peu,
et que la liqueur épanchée agit pour se procurer
une issue. J'obtiens, par ce moyen si simple, la fonte
complète de toutes les glandes engorgées. Toute
glande squirrheuse disparoît ; ce qui n'arrive pas toujours, lorsqu'une main inconsidérée se hâte d'évacuer la matière purulente aussitôt qu'elle est amassée
en assez grande quantité. C'est se priver gratuite-
ment du meilleur des digestifs. On ne doit ouvrir
promptement les abcès qui se forment sous la gana-

che, que dans le cas où la matière supurée trou-
vant une trop grande résistance à la peau, tendroit
à s'ouvrir un passage dans l'arrière-bouche ; ce que
je n'ai jamais vu arriver, par la raison très-simple
que les liquides cherchant toujours à occuper la
partie la plus déclive des corps qui les recèlent,
c'est la peau qui, dans cette circonstance, est presque toujours attaquée la première. Je suis loin cependant de nier que l'abcès ne puisse crever dans
l'arrière bouche ; mais ces cas, extrêmement rares,
forment une exception à ma règle générale.

Je me contente donc de dilater l'ouverture que
le pus s'est ménagée ; et cette dilatation est toujours en raison de la tumeur qui existoit. Au premier coup de bistouri, il est facile, en introduisant
le doigt dans l'ulcère, de constater quelle est son
étendue, et de savoir quel est le degré d'ouverture
qu'il faut lui donner. L'objet important est d'entretenir la supuration le plus long-temps possible,
et de compléter, par ce moyen, la crise que la
nature a déterminée.

On s'étonnera peut-être que la difficulté énorme
de la respiration ne m'ait pas décidé à pratiquer la
trachéotomie. Cette opération, si simple dans son
manuel, si facile à pratiquer dans le cheval, chez
lequel la trachée-artère, d'une longueur considérable,
n'est pas recouverte de cette grande quantité de
vaisseaux qui rampent sur sa surface dans l'homme ;
cette opération, dis-je, est souvent pratiquée trop

légèrement par ceux qui aiment à faire preuve de dextérité. Je l'ai pratiquée plusieurs fois; mais j'ai toujours regardé ce moyen comme l'*ultimatum* des ressources de l'art. Quand on a sous la main des *flammes* et des *vésicatoires*, on peut presque toujours maîtriser l'inflammation et appeler sur un autre point l'irritation qui l'a développée. J'ai vu trois chevaux de prix opérés imprudemment, devenir à la suite de la trachéotomie extrêmement corneurs (1) ou siffleurs. Il ne suffit pas de guérir les animaux, il faut encore que le traitement ne laisse aucun résultat désavantageux ; il faut surtout ne jamais perdre de vue que nous ne guérissons les animaux que pour les mettre en état de servir de nouveau aux propriétaires qui les ont confiés à notre zèle et à nos lumières. La trachéotomie ne doit donc être employée que dans le cas où les autres moyens sont insuffisants. On m'objectera, peut-être, qu'il y a des esquinancies que le seul contact de l'air qui pénètre dans la poitrine, suffit pour entretenir. Je répondrai à cela : Produisez sur une partie peu éloignée une irritation très-forte après avoir désempli les

---

(1) Le mot *cornard* a une autre acception : M. Chabert et moi, nous l'avons remplacé, pour le cheval, par celui de *corneur*, dans *notre Traité de la Garantie ;* suivant l'observation de M. le Sénateur, Comte François-de-Neufchâteau, qui voulut bien lire le manuscrit en notre présence.

(*Note de M. F. de Feugré.*)

vaisseaux, et le passage de l'air sera bientôt rétabli dans toute son intégrité.

Les Espagnols, qui nous ont précédés dans la carrière que nous parcourons, guérissent toutes les esquinancies sans avoir recours à cette opération. Ils ne sont pas dirigés par les principes qui nous guident dans l'exercice de l'art vétérinaire. Ils arrivent au même but par des chemins opposés. Quand un cheval est affecté d'esquinancie, ils débutent par la saignée, et appliquent de suite sur toute la gorge un remède épispastique, qu'ils appellent *potential*. Ils en ont de plusieurs sortes, qu'ils emploient suivant les circonstances ; le plus usité est un mélange d'onguent vésicatoire et d'onguent mercuriel. Ils en ont d'autres dont les scarabées des maréchaux forment la base.

Appliquer des vésicatoires sur une tumeur inflammatoire est un crime de lèse-médecine, suivant les vétérinaires français. Les vétérinaires espagnols moins timides, les appliquent, et guérissent promptement. Quelque empyrique que paroisse cette méthode, on peut cependant s'en rendre raison. Le remède épispastique agit plus sur la peau que sur les parties qu'elle recouvre ; il détermine un afflux de sérosités qui forme les phlyctènes dont se recouvre la partie, et la supuration, suite nécessaire de l'enlèvement de l'épiderme, achève la guérison qui est toujours très-prompte.

Les Espagnols ont encore recours à leur potential

dans toutes les contusions qui affectent les articulations. Le jarret est-il violemment contus? Il en
résulte un engorgement en général très-difficile à
résoudre. L'application de leur remède favori produit une résolution d'autant plus parfaite que le
coup est plus récent. On est moins assuré du succès
lorsque la contusion est ancienne.

J'avoue que je n'ai pas porté la hardiesse aussi
loin; je me suis contenté d'appliquer les vésicatoires aux environs de la partie lésée; ou, pour
mieux dire, j'ai passé des sétons enduits de vésicatoire le plus près possible de la tête, et j'ai ob-
tenu par ce moyen le transport de l'humeur sur le
point d'irritation que j'avois établi : j'ai guéri beaucoup d'esquinancies par ce moyen simple et éner-
gique, sans avoir recours à la trachéotomie.

Je préfère les sétons enduits de vésicatoire à
l'application de l'emplâtre vésicatoire lui-même,
en voici les raisons. L'emplâtre vésicatoire forme
des phlyctènes qui n'équivalent jamais à la supuration déterminée par le séton; quelque abondante
que soit la sérosité qui s'en échappe, l'irritation qu'il
provoque n'est pas aussi considérable; ce qui est
très-important, lorsqu'il s'agit de produire une im-
pression brusque et rapide. Le séton agit sur la
surface interne de la peau, et sur la couche exté-
rieure des muscles qu'il recouvre. J'accrois son action
irritante en graissant la peau sous laquelle il glisse
de l'onguent qui a servi à l'animer; il n'en résulte

alors qu'une légère excoriation qu'on n'a pas besoin d'entretenir, puisque le séton fournit assez de matière purulente. Les vésicatoires, appliqués à plusieurs reprises sur la même partie, produisent des cicatrices hideuses qui n'ont pas lieu par le passage de la mèche entre cuir et chair; et j'ajouterai à cela que le séton n'a pas besoin de compresses, de bandes, qui sont nécessaires pour fixer l'emplâtre vésicatoire. La simplicité des moyens est presque toujours un sûr garant de leur bonté. On sent bien que je n'ai pas recours au séton, lorsqu'il s'agit de produire des irritations légères et superficielles, je mets alors en usage l'eau-de-vie vésicante.

Telle a été la marche de la maladie catarrhale qui a régné à la fin de l'hiver de 1808. Le tableau que j'en ai tracé fait voir que le système muqueux a été universellement affecté, et qu'il en est résulté, suivant l'idio syncrasie de chaque individu, des flux catarrheux, des diarrhées muqueuses, un catarrhe aigu de la vessie, des péripneumonies, des anomalies nerveuses des organes pulmonaires, des anasarques secondaires et des esquinancies compliquées avec la gourme. J'ai cherché à coordonner tous ces faits et à en former un ensemble qui offrît sous un point de vue général les diverses maladies que j'ai eu à combattre. Tel est le but que je me suis proposé; je n'ose me flatter de l'avoir atteint.

CORRESPONDANCE

SUR LES

ANIMAUX DOMESTIQUES,

Pour perfectionner les Moyens de les choisir, de les employer, de les entretenir en santé, de les multiplier, de les traiter dans leurs maladies; en un mot, d'en tirer le parti le plus utile aux Propriétaires et à l'Etat;

Applications directes à l'Agriculture, à la Garantie et au Commerce, à l'Equitation et à la Cavalerie, aux Haras et à l'Economie Domestique :

Recueillies de la pratique d'une Société d'Hommes de l'Art, Français ou Étrangers, et publiées périodiquement,

PAR M. FROMAGE-DEFEUGRÉ,

Vétérinaire en chef de la Gendarmerie de la Garde de S. M. l'Empereur et Roi, Membre de la Légion d'honneur, Docteur en Médecine de l'Université de Leipsick, ancien Professeur à l'École Vétérinaire d'Alfort, Membre de la Société d'Emulation d'Alençon, de la Société d'Agriculture de Cambrai, de celle de Caen, et de la Société de Médecine de Bordeaux.

———

Cet ouvrage, qui a commencé en 1810, paroît par cahiers de 48 pages in-12.

Le prix de la Souscription est de 8 fr. pour douze cahiers, que l'on reçoit *francs de port* par la Poste, dans tous les Départemens.

Les cahiers déjà publiés forment trois volumes, dont le prix ensemble est de 12 fr. par la Poste, et de 10 fr. 50 cent., pris à Paris.

Les Lettres d'avis et l'argent doivent être *affranchis* et adressés à *M. Buisson, Libraire, rue Gît-le-Cœur, N°. 10*, à Paris.

On doit envoyer les Mémoires, Consultations ou Observations, FRANCS DE PORT, à *M. Fromage-Defeugré, rue du Petit Musc, No. 2*, A PARIS.

Les Lettres ou Mémoires *non affranchis* ne seront pas reçus.

MÉMOIRES

Publiés par M. Fromage-Defeugré.

De la garantie dans le commerce des animaux, ou exposé des cas rédhibitoires qui leur sont relatifs, suivant le Droit Ancien, le Code Napoléon et les coutumes de plusieurs pays étrangers ; par M. Chabert et par M. Fromage-Defeugré. A Paris, chez Rondonneau, 1805, in-8. de 131 pages.

D'une altération du lait de vache, désignée sous le nom de *lait bleu ;* par M. Chabert et par M. Fromage-Defeugré. A Paris, chez Marchant, rue des Grands-Augustins, 1805, in 8. de 34 pages.

Traité de l'engraissement des animaux domestiques ; par M. Chabert et par M. Fromage-Defeugré. A Paris, chez Marchant, 1800. Il y a une seconde édition de 1806, à laquelle M. Delasteyrie a joint l'exposé des méthodes anglaises ; in-12. de 134 pages.

Importance de l'amélioration et de la multiplication des chevaux en France, et projet économique d'un système d'encouragement perpétuel des haras ; par M. Chabert, M. Fromage-Defeugré et M. de Chaumontel. A Paris, chez Marchant, 1805, in-8. de 67 pages.

Moyens de rendre l'art vétérinaire plus utile, en améliorant le sort des hommes qui l'exercent, tant dans les départements que dans les troupes à cheval : Mémoire présenté au gouvernement, par M. Chabert et par M. Fromage-Defeugré ; 1805 ; in-8. de 52 pages.

Dans les tomes XI et XII, servant de supplément au Dictionnaire de Rozier, publiés en 1805, et rédigés par MM. *Thouin, Parmentier, Biot, Chassiron, Chabert, Lasteyrie, Deperthuis, Cotte, Sonnini, Fromage-Defeugré, Chaumontel, Bosc, Tollard et Curaudau,* Articles principaux traités par M. Chabert et par M. Fromage-Defeugré : Claudications ou Boiteries, Farcin, Fluxion périodique, Gale des moutons Goutte, etc.

Mémoire sur l'avantage et les moyens de disposer d'une manière salubre les bâtiments, les fumiers, les égouts et l'abreuvoir d'une ferme, par M. Fromage-Defeugré. A Paris, chez Meurant, 1801, in-8 de 16 pages.

Tableau des phénomènes de la vie dans les animaux domestiques, par M. Fromage-Defeugré. A Paris, chez Me. Huzard, 1802, in-fol.

Moyens d'arrêter la mortalité sur les chevaux d'une ferme du département de Seine-et-Marne ; par M. Fromage-Defeugré. A Paris, chez Me. Huzard, 1802, in-4. de 16 pages.

Des Chenilles des Avoines, et des Moyens d'empêcher leurs ravages ; par M. Fromage-Defeugré. A Paris, chez Me. Huzard, 1802, in-8. de 42 pages.

Dans le Cours d'Agriculture-Pratique et de Médecine des Animaux, publié en 1809, par MM. *Sonnini, Tollard, Chabert, Lafosse, Fromage-Defeugré, Cadet-de-Vaux, Heurtaut-Lamerville, Curaudau, Charpentier-Cossigny, Lombard, Chevalier, Louis Dubois, Cadet-Gassicourt, Foiret, De Chaumontel, Demusset et Veillard,* en 6 vol. in-8. ; à Paris, chez Buisson ; et dans la Correspondance sur les animaux domestiques ; articles principaux de M. Fromage-Defeugré : *Assujétir les animaux, Castration, Catarrhes, Cautérisation, Clou de rue, Coliques, Cors, Crapaud, Dartres, Dentition douloureuse, Dessolure et moyen moins cruel, Epizooties, Exostoses, Fièvres, Fractures, Gangrène, Ladrerie, Luxations, Mal de garrot, Mal de rognon, Maladie des chiens, Paralysie, Pépie, Péripneumonie, Pierre des voies urinaires, Phthisie pulmonaire, Queue à l'anglaise, Ruptures de l'estomac, du Diaphragme, des Intestins, etc. ; Seime, Tympanite, Vert, Vomissement du cheval,* etc.

Mémoire sur la nécessité de deux sortes de Voiries encloses, et sur la police relative aux maladies contagieuses des animaux ; par M. Fromage-Defeugré.

Plus de deux cents hommes de l'art, français et étrangers, sont cités dans ces articles, où l'on trouve principalement des observations dues aux Vétérinaires les plus distingués.